¡AVES DE RAPIÑA SALVAJES!

LOS BUITRES

Por Deborah Kops

BLACKBIRCH®
PRESS

THOMSON

™

GALE

San Diego • Detroit • New York • San Francisco • Cleveland • New Haven, Conn. • Waterville, Maine • London • Munich

For more information, contact
The Gale Group, Inc.
27500 Drake Rd.
Farmington Hills, MI 48331-3535
Or you can visit our Internet site at http://www.gale.com

Every effort has been made to trace the owners of copyrighted material.

Photo Credits: Cover © PhotoDisc; pages 4, 5, 10, 18, 23 © A. & E. Morris; pages 6-8, 11, 15 © Corel Corporation; pages 9, 22 © Ted Schiffman/Peter Arnold; page 12 © Lee Kuhn/Cornell Ornithology; page 13 © Doug Wechler/Vireo; page 13 (inset) © Christopher Crowley/Cornell Ornithology; page 14 © N.G. Smith/Vireo; page 16 © John Gavin/Cornell Ornithology; page 17 © Robert Villani/Peter Arnold; page 20 © S. & S. Rucker/Vireo; page 21 © Rick Kline/Cornell Ornithology.

LIBRARY OF CONGRESS CATALOGING-IN-PUBLICATION DATA

Kops, Deborah.
[Vulture.Spanish]
  Los Buitres / by Deboarah Kops.
    p. cm. — (¡Aves de Rapiña.Salvaje!)
Includes bibliographical references.
Summary: Examines the vulture's environment, anatomy, social life, food, mating habits, and relationship with humans.
  ISBN 1-4103-0457-4 (hardback : alk, paper)
  1. Vulture—Juvenile literature. [1. Vulture. 2. Spanish language materials] I. Title. II.
Series.

Printed in United States
10 9 8 7 6 5 4 3 2 1

Contenido

Introducción

Con sus cabezas calvas y arrugadas, los buitres tienen un aspecto cómico. Sin embargo, cuando se elevan en el aire, los buitres se mueven con la gracia de cualquier otra ave en el cielo. El cóndor de California, un tipo de buitre, es magnífico en vuelo. Después de elevarse hasta 15,000 pies (4,572 metros), da 1 o 2 aletazos, y se baja con un planeo despacio y seguro. Los buitres son aves de rapiña, que también se llaman rapaces. Otros miembros de este grupo son los halcones, las águilas, los halietos, y los búhos. Como otras rapaces, los buitres tienen dedos de pata encorvados llamados garras.

Distintos de otras aves de rapiña, los buitres tienen cabezas arrugadas y calvas.

Los buitres vuelan en una forma magnifica y elegante.

Además tienen picos afilados y ganchudos para rasgar su rapiña. Pero son diferentes de otras rapaces en una forma importante—los buitres son carroñeros. Casi toda su comida es carroña (animales ya muertos). Otras rapaces también comen carroña, pero típicamente prefieren matar su rapiña.

Como carroñeros, los buitres proveen un servicio valioso. Sin este servicio, los animales muertos que se comen los buitres se pudrirían. Esto crearía olores fétidos y propagaría la enfermedad. Es por eso que los buitres son miembros importantes del equipo de limpieza de la naturaleza.

Miembros de la Familia

Tres especies de buitres viven en Norteamérica: los buitres negros, los buitres de cabeza roja, y los cóndores de California. Cuatro más parientes cercanos viven solamente en Sudamérica, incluyendo el buitre real. Juntas, estas 7 aves son conocidas como los buitres del Nuevo Mundo porque solamente se encuentran en las Américas. Otro grupo de 14 especies, llamado los buitres del Viejo Mundo, vive en Europa, Asia, y Africa. Los buitres del Nuevo Mundo y los buitres del Viejo Mundo se parecen. Por ejemplo, los dos tienen cabezas calvas y cuerpos grandes.

El buitre real de Sudamérica es un pariente del Nuevo Mundo de los tres especies norteamericanas.

Los buitres negros tienen cabezas grises y plumas negras.

Pero, a pesar de esta simili-tud, no son parientes cer-canos. Los buitres del Viejo Mundo son de la misma familia que los halcones y las águilas. Los buitres del Nuevo Mundo son parientes con las cigüeñas.

Los Buitres Negros

El buitre negro de 2 pies (.6 metros) es de cabeza gris y plumas negras con brillo morado. Caza en campo abierto, pero vive y se per-cha en áreas boscosas del sudeste de los Estados Unidos. Centenares de buitres negros a veces se agrupan en un pueblo.

Los Buitres de Cabeza Roja

Con su cuerpo negro y cabeza roja, el buitre de cabeza roja se parece a un pavo salvaje, pero más chico. Durante la primavera y el verano, los buitres de cabeza roja habitan casi todos los Estados Unidos. Prefieren áreas abiertas, incluyendo los desiertos, pero también se adaptan a las áreas boscosas y hasta ciudades. Los buitres de cabeza roja que viven en el sudeste se quedan allí durante todo el año. Los que viven en otras partes del país emigran a sus nidos de invierno, que pueden ser tan lejanos como Sudamérica.

Los Cóndores de California

El cóndor de California es el ave de tierra más grande en Norteamérica. Tiene una envergadura de 9 pies (2.7 metros) del extremo de una ala al extremo de la otra. Es uno de los últimos animales grandes que los científicos unen con la era prehistórica.

Esa época se remonta a miles de años atrás, cuando los tigres macairodos y mástodontes, que son animales parecidos a los elefantes, deambulaban por Norteamérica. Increíblemente, el cóndor de California no ha cambiado desde entonces.

Estas aves delicadas con cabezas rojas y anaranjadas estaban en peligro de extinción. Sin embargo, con la protección del servicio de conservación en los Estados Unidos llamado U.S. Fish and Wildlife Service, alrededor de 50 todavía viven hoy en día en la naturaleza.

Opuesto: Los buitres de cabeza roja se parecen a los pavos salvajes. Derecha: El cóndor de California es el ave de tierra más grande en Norteamérica.

El Cuerpo del Buitre

Los buitres negros, los buitres de cabeza roja, y los cóndores de California comparten varias características físicas con sus antepasados cigüeñas. Tienen orificios nasales que parecen perforaciones por encima del pico. También tienen dedos de pata largos, garras levemente encorvadas, y patas débiles. Por estas características los buitres no pueden matar o sostener su rapiña, como otras rapaces.

Los buitres de Norteamérica tienen dedos de pata largos y débiles, con que no pueden capturar rapiña.

Los buitres del Nuevo Mundo tienen orificios nasales que parecen perforaciones hechas por encima de sus picos.

Como todas las aves, el buitre puede reservar comida en su esófago—la pipa que lleva comida de la garganta al estomago. El área de reserva en el esófago se llama el buche. Si el ave se perturba mientras come, rápidamente puede reservar su comida en su buche. Después puede volar a una percha protegida y digerir su comida sin peligro. ¡El cóndor de California puede reservar hasta 3 libras (1.4 kilogramos) de comida en su buche!

Características Especiales

Los cuerpos de los tres buitres norteamericanos están bien diseñados para encontrar y consumir carroña. Sus alas largas y anchas les permite elevarse para períodos prolongados para que puedan buscar cuerpos de animales muertos en la tierra abajo. Los buitres se elevan metiéndose en termales. Estos son corrientes calurosas de aire que se elevan y que se crean cuando el sol calienta la tierra. Cuando un ave vuela sobre esta corriente térmica, su cuerpo se eleva hacia el aire caluroso. Esto típicamente ocurre sin esfuerzo del ave. Volando sobre estas corrientes les ayuda a los buitres a conservar su energía.

A diferencia de otras rapaces, los buitres de cabeza roja tienen buen olfato. Esta habilidad les permite a encontrar animales en estado de putrefacción. También les da ventaja sobre otros buitres. Las 3 especies de buitres tienen mucho ácido en sus sistemas digestivos. Este ácido es lo suficientemente fuerte para matar bacteria y viruses poderosos que se encuentran en la comida. Si los buitres no tuvieran defensa contra estos viruses, la bacteria en el cuerpo podrido de un animal muerto los podría infectar con una enfermedad grave.

Los buitres de cabeza roja tienen el olfato especialmente desarrollado.

Un buitre negro busca comida. Encarte: Sus alas largas y anchas les permiten a los buitres elevarse en termales calurosos mientras cazan.

Porque sus gargantas no pueden producir sonidos, los buitres y sus parientes cigüeñas no pueden llamarse uno al otro. Solamente pueden silbar y gruñir. Como las cigüeñas, estos buitres también tienen una forma distinta de enfriarse cuando hace calor—¡defecarse (vaciarse el estomago) en sus patas!

Caza

Los buitres a veces se reúnen en grandes grupos para buscar comida. Encarte: Una forma de encontrar comida es acechar y observar cualquier actividad que les traerá alimento.

Cuando cazan, los cóndores se elevan a aproximadamente 2,000 pies (610 metros) sobre la tierra. Esto es suficientemente bajo para encontrar carroña, y suficientemente alto para mirar otros buitres en vuelo. Muchas veces los buitres encuentran comida mirándose entre si. Cuando están en grupo, se separan para que cada uno pueda ver a otros miembros del grupo. Cuando un buitre baja, los otros lo siguen. Saben que han encontrado comida. Pronto, se verá una multitud de buitres alimentándose en el cuerpo de un animal muerto.

Todos los buitres se sacan provecho de alimentarse en grupo. El buitre de cabeza roja encuentra el cuerpo muerto de animal por su excelente olfato, pero puede ser que le quiten su comida los buitres negros, que son más agresivos. El cóndor de California, que es más grande, también se lanza agresivamente sobre la comida.

Muchas veces los buitres encuentran comida observándose uno al otro.

Provisión de Alimentos

El cóndor de California prefiere carroña de mamíferos grandes, muertos recientemente, como venado y ganado. A los buitres de cabeza roja también les gusta carroña fresca. También comen insectos, y agarran peces varados en estanques secos.

Los buitres negros tienen las dietas más variadas. Comen los cuerpos de animales muertos (frescos o viejos), huevos de pájaros y tortugas, vegetales podridas, y escogen lo mejor del basurero. También a veces matan y comen mamíferos recién nacidos.

El buitre puede durar días sin comer. Cuando encuentra comida, a veces come tanto que tiene que esperar varias horas antes de volar. Mientras obligado esperar en la tierra, está en peligro de convertirse en comida de otro animal.

Los buitres son carroñeros que se alimentan de plantas y animales muertos, basura, y desechos que de otra forma se pudrirían.

Para defenderse, el buitre regurgitará (vomitará) el contenido de su estomago hacia su atacante. Esto no sólo es una defensa sorprendente y sucia, sino así mismo le sirve a aligerarse para el despegue.

Los buitres negros tienen las dietas más variadas. Aquí, un buitre negro come una zarigüeya atropellada por un carro.

Apareando y Anidando

Cuando el cóndor de California macho quiere atraer a una hembra, se acerca a ella con sus alas extendidas y su cola arrastrada. Después tuerce su cabeza para enseñar su cuello. Los buitres de cabeza roja machos no son tan delicados. Ellos siguen a las hembras en vuelo y a veces se lanzan de cabeza hacia ellas. Los buitres negros machos y hembras ejecutan complicadas demostraciones de cortejo en el aire, volando juntos en espirales largos. Los buitres del Nuevo Mundo no construyen nidos. ¡Los buitres de cabeza rojas y los de cabeza negra ponen sus huevos en construcciones abandonadas!

El cóndor de California prefiere cuevas y espacios grandes en precipicios rocosos. Ponen un huevo cada segunda época de celo porque les toma un año criar a un polluelo. ¡El huevo es muy grande—más de 4 pulgadas (10 centímetros) de largo!

Los buitres negros tienen rituales de cortejo elaborados.

Los Buitres del Lago Taneycomo

Al principio de la primavera, a la comunidad de Branson, Missouri, llegan más de 700 buitres negros y de cabeza roja. Los buitres no se quedan en el pueblo. Se perchan sobre los sicomoros que rodean el Lago Taneycomo cercano. Branson está sobre el área del rió Mississipi hacia donde migran cientos de miles de aves. El clima agradable de Branson atrae alrededor de 300 buitres durante el invierno, aparte de los 100 que allí habitan todo el año. Otros 300 llegaran en febrero y marzo esperando el clima caluroso antes de regresar a su lugar de origen donde se alimentan habitualmente. ¡Cuando se sienten hambrientos todos los 700 buitres descienden sobre los grandes montículos de desperdicios de pescado, formando un gran espectáculo que atrae tanto a los visitantes como a los locales de la ciudad de Branson!

Los buitres negros y de cabeza roja típicamente ponen 2 huevos cada época de celo. Los padres se sientan por turnos para incubarlos, o calentarlos, hasta que estén listos para salir del cascarón. Este proceso toma aproximadamente 5 o 6 semanas. Los huevos del cóndor de California necesitan 7 semanas para que estén listos de empollar.

Criando a las Crías

Cuando salen del huevo, los polluelos de los buitres están cubiertos de una capa de plumas suaves, esponjosas, y pálidas llamadas plumón. A esta tierna edad, estos polluelos no pueden controlar la temperatura del cuerpo. Sus padres los empollan durante los primeros tres días, que significa calentarlos con sus cuerpos.

Los polluelos de los buitres se cubren en plumaje suave y esponjoso llamado plumón.

Como las patas de los buitres adultos no son muy fuertes, llevan en sus buches comida parcialmente digerida a sus polluelos. Después los buitres adultos regurgitan la comida para que sus polluelos coman.

Cuando alcancen alrededor de 3 meses de edad, los buitres de cabeza roja y negros inmaduros pelechan. Esto significa que tienen todas sus plumas de vuelo y pueden intentar a volar por la primera vez. El cóndor de California tarda 6 meses para pelechar. Después los jóvenes se quedan con sus padres 6 meses más, hasta que aprenden a cazar. Después de pelechar, los buitres de cabeza roja y negros se quedan con sus padres solamente 3 meses.

A este pequeño buitre de cabeza roja ya le han salido sus primeras plumas de vuelo (detrás de la pata).

Los Buitres y El Hombre

Las poblaciones de los buitres de cabeza roja y los buitres negros no han cambiado dramáticamente durante el siglo pasado. Por otro lado, el cóndor de California casi desapareció.

De los cóndores de California quedaban solamente 60 hasta 1965, todos ellos en el área de Los Padres National Park en California. Se extinguían rápidamente casi todos de intoxicación con plomo.

Padres Títeres de Cóndor

Usualmente las aves no se sienten unidas a otros miembros de la especie, se sienten más unidas a lo que les provee su alimento. En la naturaleza, los cóndores de California copian de sus padres la conducta y aprenden a conducirse como ellos. Para salvarlos de la extinción, la mayoría de los cóndores de California se crian con seres humanos. Pero si los polluelos se acostumbran mucho a ellos estas aves se pueden sentir humanos ellos mismos. Por eso es que estos polluelos se alimentan usando un títere con cabeza y cuello que semeja un cóndor adulto.

Los cazadores de esta área usaban balas de plomo para matar animales que eventualmente los buitres se comían. Cuando los cóndores comían los cuerpos muertos de estos animales, se envenenaban.

Entre 1985 y 1987, los últimos 9 cóndores en Los Padres fueron capturados por especialistas de fauna y llevados a un complejo de asistencia especial.

En cautiverio los cóndores han tenido un gran éxito. Un total de alrededor de 50 cóndores de California juveniles han sido soltados en Los Padres, en el Gran Canyon, y en Big Sur. A estas aves se les colocaron minúsculos radio transmisores para que los técnicos pudieran observar su seguridad y suministrar alimento adicional. Hoy en día, todavía hay esperanza que estas aves majestuosas de la época prehistórica sobrevivan.

Los buitres, como todos los seres vivos, pueden ser afectados por actividades nocivas. Opuesto: El cóndor de California estuvo al punto de extinción.

Glosario

buche En este libro, una dilatación del esófago de las aves, donde la comida está temporalmente guardada.

carroña La carne de un animal muerto.

carroñero En este libro, un animal que se alimenta de animales muertos.

criar En este libro, aparear y producir polluelos.

envergadura La distancia medida del extremo de una ala al extremo de la otra.

especie Un grupo de cosas vivas con características similares. Miembros de la misma especie, como los buitres de cabeza roja, pueden aparearse y producir polluelos.

extinción Ya no existiendo.

habitar Ocupar o vivir en un lugar.

termal Una columna de aire caluroso ascendente.

transmisor Un objeto que manda señales de radio.

Para Más Información

Libros

Arnold, Caroline. *On the Brink of Extinction.* San Diego, CA: Harcourt Brace Jovanovich, 1993.

Rauzon, Mark J. *Vultures.* Danbury, CT: Franklin Watts, 1997.

Stone, Lynn M. *Vultures.* Minneapolis, MN: Carolrhoda Books, 1993.

Sitio de Web

Birds of Prey

Discover facts and pictures of vultures and other birds of prey—www.buteo.com

Índice

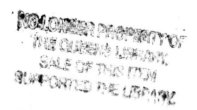